LES ANDES
LA CORDILLÈRE
ET L'AMAZONIE

Régions dont la Faune est insuffisamment connue

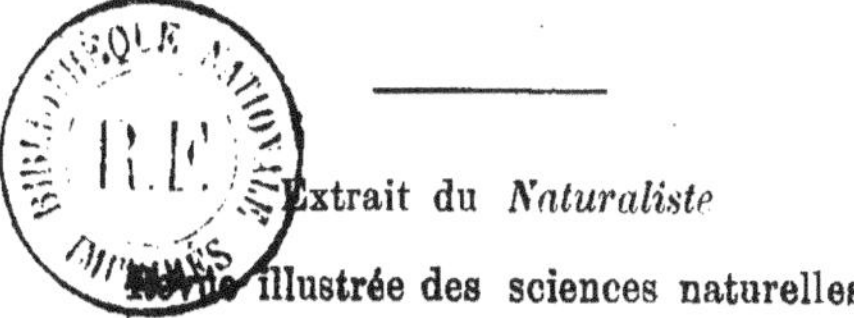

Extrait du *Naturaliste*

Revue illustrée des sciences naturelles

PAR

Le Docteur Charles GIRARD

(DE WASHINGTON)

PARIS

« LE NATURALISTE »

46, *rue du Bac*

1889

AVANT PROPOS

Lettre à M. le Dr R. Blanchard, à Paris.

Le Mémoire que j'ai l'honneur de vous adresser, répond à la première partie de la deuxième question proposée par la Commission d'organisation du Congrès international de Zoologie. — Si je n'ai pas abordé « les méthodes de recherches, de préparation et de conservation des animaux, » c'était afin de ne pas empiéter sur le domaine relevant plus particulièrement des naturalistes du Muséum d'Histoire Naturelle.

Une erreur règne en Zoologie, depuis plus de trois quart de siècle, touchant les poissons que rejettent périodiquement les grands volcans de l'Equateur, sur lesquels Humboltd avait attiré l'attention, dans un Mémoire lu à l'Institut National an XIII (1) et publié en 1811, dans le premier volume de son *Recueil d'observations de Zoologie et d'anatomie comparée*.

Il s'agit du *Pimelodus cyclopum*, décrit et figuré par le célèbre voyageur, comme vivant dans les lacs alpestres et les ruisseaux qui descendent du Cotopaxi, et déclaré identique avec le poisson que rejette ce volcan, sur la foi pure et simple des habitants de la contrée.

---

(1) Mémoire sur une nouvelle espèce de Pimelode jetée par les volcans du royaume de Quito.

— 4 —

En 1840, Valenciennes (1) en a décrit une deuxième espèce sous le nom de *Brontes prenadilla*, d'après des exemplaires que Boussingault avait obtenus de ses corres-
dants de Quito « comme le poisson aussi lancé par le Cotopaxi », mais vivant, ainsi que le précédent, dans les
ruisseaux qui descendent de ce volcan.

Les habitants de la contrée désignent indistinctement
ces deux espèces sous le nom de *prenadillas*, dénotant
de leur part une observation des plus superficielles.

L'identité présumée de ces deux poissons avec ceux
que recèlent les eaux souterraines des volcans, ne repose
par conséquent sur aucune donnée scientifique. Le doute,
à cet égard ne sera levé que lorsque, à la suite d'une
nouvelle éruption volcanique, on aura eu soin de re-
cueillir une assez grande quantité de ces poissons pour
être étudiés comparativement avec ceux qui vivent, en
pleine lumière, dans les lacs et les ruisseaux avoisinants.

Des prenadilles du genre *Brontes*, ont été recueillies récemment dans les eaux supérieures du Rio Napo, par
M. Ch. Wiener. M. le professeur Léon Vaillant nous dira
si elles appartiennent à l'espèce décrite par Valenciennes,
ou si elles constituent une espèce à part ; le Muséum
possédant des exemplaires originaux des deux prove-
nances.

« Il y a encore d'autres prenadilles, nous dit Humboldt
qui vivent dans des bassins souterrains..... et les indigènes ont observé, depuis longtemps qu'entre Otavalo et
San Pablo, par exemple, dans le *Desague de Peguchi*, on
ne peut pêcher que par des nuits très obscures, les prenadilles ne sortant pas des cavernes du volcan d'Imbabura tant que la lune est sur l'horizon.

---

(1) Histoire naturelle des Poissons, vol. **XV**.

Sur la station primitive, ou lieu d'origine des prenadilles, Humboldt préoccupé de l'identité de tous ces poissons, continue ainsi : « Une partie de ces rivières (au voisinage des volcans) peut communiquer avec ces eaux souterraines ; et il est assez probable que les premières prenadilles qui ont peuplé ces creux, y ont remonté contre le courant. »

Mais comment expliquer, d'après la même autorité, leur « petit nombre » dans les rivières d'alentour et « l'énorme quantité que vomissent, de temps en temps, les volcans du royaume de Quito » ?

Un autre voyageur — Onffroy de Thoron (1) — à l'occasion des éruptions du volcan d'Imbabura, parle dans les termes suivants, d'un petit poisson que les indigènes appellent *imba*. « Ce volcan, dit-il, lance avec des eaux boueuses, une infinité de petits poissons ; et c'est delà que lui vient son nom, dont l'étymologie est *imba*, petits poissons (*pisciculi*) et *bura* qui se traduit bien en espagnol par *criádero*, c'est-à-dire le lieu, la matrice où ils se sont formés. »

« Ces poissons, dit-il encore, ne possèdent point l'organe de la vue. »

Humboldt ne nous dit pas si les prenadilles que l'on pêche dans le *Desaguë de Peguchi* sont oculées ou non. La présomption serait qu'elles le sont : les *Pimelodus cyclopum* et le *Brontes prenadilla* possédant les organes de la vision bien que relativement peu développés. Néanmoins nous n'avons aucune certitude sur l'espèce à laquelle se rapportent les prenadilles des cavernes de l'Imbabura.

---

(1) Amérique équatoriale. Son histoire pittoresque et politique, sa géographie et ses richesses naturelles, son état présent et à venir. Paris, 1866.

D'un autre côté, quelles sont les ressemblances ou les dissemblances entre les prenadilles et les imbas ?

Les questions litigieuses, on le voit, abondent sur le terrain zoologique de ces régions : leur portée philosophique est très grande. Elles m'ont suggéré ce Mémoire, sur lequel, je vous prie, d'attirer en mon nom, l'attention du Congrès international de Zoologie.

Agréez, cher collègue, l'assurance de ma parfaite considération.

Dr GIRARD.

Paris, le 4 juillet 1889.

LES ANDES

LA CORDILLÈRE ET L'AMAZONIE [1]

I

La région du globe qui mériterait, avant toute autre, une étude spéciale au point de vue des animaux qui la peuplent, comprend la République de l'Equateur et les contrées limitrophes de la Colombie, du Brésil, du Pérou et de la Bolivie, constituant le réseau supérieur du grand bassin hydrographique de l'Amazone.

Elle s'adosse aux montagnes les plus élevées de cette partie du globe, et présente, sur son étendue, toutes les altitudes, depuis la zone des neiges perpétuelles, jusqu'au niveau de la mer.

Par sa situation équatoriale sur le continent sud-américain, qu'elle domine entièrement, sa faune occupe pour ainsi dire une position centrale, d'où rayonnent les faunes circonvoisines du Rio Magdalena et de l'Orénoque, du côté du Nord ; de la Plata, au Midi, offrant maints points de contact sur les lignes de partage de ces différents bassins.

---

(1) Extrait de la 3ᵉ partie de notre Histoire des Faunes souterraines (inéd.)

Une esquisse succincte de l'orographie et de l'hydro-graphie de cette région, démontrera l'intérêt supérieur qui s'attache à son exploration systématique, en notant scrupuleusement les localités des animaux qui l'habitent: la *notion précise de la localité* étant si intimément liée à leur histoire naturelle, qu'un animal dont on ignore la patrie ou l'habitat, ne peut entrer en ligne de compte dans les déductions philosophiques qui résument en défi-nitive toutes nos études.

Des collecteurs, voire des naturalistes voyageurs, ont trop souvent perdu de vue l'intérêt tout-puissant qu'il y avait à noter d'une manière précise l'habitat des ani-maux qu'ils récoltaient. Dire par exemple que tel animal habite le Chili, tel autre le Pérou ou l'Équateur, ne peut suffire. Et lorsqu'il s'agit de faunes fluviatiles, la préci-sion s'impose encore d'avantage, particulièrement quand l'on se trouve en présence de nombreux cours d'eau, dont les sources, à proximité les unes des autres, appar-tiennent néanmoins à des réseaux hydrographiques diffé-rents, comme c'est ici le cas.

Il est des cours d'eau dont les noms diffèrent selon les époques et les auteurs qui en font mention. Les cartes, sous ce rapport, varient à l'infini ; le manque de préci-sion à cet égard nous entraîne à des erreurs involon-taires. Il n'est pas rare, non plus, de voir le même nom se répéter pour des cours d'eau plus ou moins distants les uns des autres ; tels : le Rio Machangura qui procède du volcan de Pichincha, et le Rio Machangura du bassin de Cuenca ; le Rio Santiago qui se rend à la baie de Tola, sur le Pacifique, et le Rio Santiago, affluent du Mara-gnon, etc., etc., etc.

Il est aussi des noms locaux qui se répètent, soit sur le territoire d'un même pays, soit sur les territoires de pays circonvoisins. Conséquemment il ne suffit pas de dire : San Diego, Santiago, Santa-Anna ou Santa-Clara, au Pérou, en Bolivie ou dans l'Équateur ; il importe de mentionner la province, ou le district, s'il s'agit de loca-lités d'un même pays.

Pour cause de brièveté, nous prendrons à partie les

faunes fluviatiles et plus particulièrement la classe des poissons, laissant aux hommes compétents le soin d'appliquer notre programme aux faunes terrestres.

II

Les Cordillères, à partir du Cerro de Pasco (Pérou) jusqu'aux confins de l'isthme de Panama (Colombie), constituent deux chaînes, la chaîne orientale ou Cordillère royale des Andes, et la chaîne occidentale ou Cordillère proprement dite. La vallée encaissée par ces deux chaînes est constituée, dans sa région moyenne, par une série de plateaux plus ou moins élevés, séparés transversalement par des collines, sillonnés par les ruisseaux et rivières qui descendent des montagnes, formant autant de bassins hydrographiques distincts.

Du Cerro de Pasco, sous le 11e degré de latitude sud, jusqu'à une certaine proximité du territoire équatorien, entre le 5e et le 4e degrés, la vallée des Andes péruviennes sert de thalweg au Maragnon, qui coule du sud au nord, recevant dans son parcours les nombreux ruisseaux et rivières qui sillonnent le flanc oriental de la cordillère proprement dite, et le flanc occidental de la chaîne royale. Vers le 5e degré de latitude sud, le Maragnon tourne brusquement à l'est, pour sortir de cette vallée et porter ses eaux vers l'Amazone.

Sur le territoire de la république de l'Équateur, la vallée des Andes de Quito atteint une hauteur moyenne de huit mille et quelques centaines de pieds au-dessus du niveau de la mer. Elle s'étend entre le 4e degré de latitude sud et le 1er degré de latitude nord, sur une longueur d'environ quatre cent soixante-dix kilomètres et une largeur moyenne de soixante kilomètres. Les deux chaînes de montagnes volcaniques qui la bordent comptent parmi les plus considérables du globe.

Ces remparts, qui atteignent une hauteur moyenne de douze mille pieds, ne sont interrompus que par quelques gorges étroites : celles qui donnent issue au Rio Pastassa et au Rio Santiago, à travers la chaîne orientale ou royale, et celles par lesquelles s'échappent les sources du Rio de las Esmeraldas et du Rio Mira, à travers la chaîne occidentale.

Des sept principaux volcans qui dominent cette vallée, quatre font partie de la chaîne orientale ; ce sont du nord au midi : l'Imbabura, le Cotopaxi, le Tunguragua et le Sangay ; tandis que de la chaîne occidentale surgissent : le Pichincha au nord, le Chimborazo et le Cargueirazo au midi ; ces deux derniers assez rapprochés l'un de l'autre.

III

La vallée de Quito comprend quatre régions distinctes, d'une altitude différente et d'un aspect physique particulier.

1° Le *bassin hydrographique de Cuença*, 7,800 pieds d'élévation, déverse ses eaux dans le Maragnon, par le Rio Santiago, que reçoit le Rio Pauté, auquel se sont préalablement réunis, à l'intérieur de la chaîne, le Matadero, le Yanunçai, le Machangura, le Zamora, et sur le versant oriental, le Rio Rosario.

2° Le *bassin d'Ambato*, au centre, 8,000 pieds d'élévation, envoie ses eaux au Maragnon pareillement, par le Rio Bamba et autres affluents du Rio Pastassa, qui les rassemble toutes sur le versant oriental de la chaîne royale.

3° Le *bassin de Quito proprement dit*, d'une élévation de 9,500 pieds, déverse ses eaux dans l'Océan Pacifique par le Rio de las Esmeraldas, auquel aboutissent de nombreux affluents : le Rio Pedregal qui descend du Cotopaxi, le Machangura qui prend sa source au pied du volcan de Pichincha, le Rio Perucho, etc., etc.

4° Enfin, le *bassin d'Ibarra*, dont les divers cours d'eau

sont rassemblés par le Rio Chota, qui les porte au Rio Mira et par celui-ci, dans l'Océan Pacifique.

De telle sorte que dans la République de l'Équateur seule, nous avons quatre bassins hydrographiques dont deux portent directement et séparément leurs eaux à l'Océan Pacifique; tandis que les deux autres sont tributaires du grand fleuve brésilien, dont ils constituent, avec le Maragnon, le triple berceau.

La Cordillère des Andes royales se continue, sur les territoires columbien et vénézuelien, par trois chaînes, dont la principale, dirigée vers le nord-est, constitue de ce côté la ligne de partage des eaux du bassin de l'Orénoque; tandis que des collines moins élevées, longent la frontière vénézuélo-brésilienne, séparant ce dernier bassin de celui de l'Amazone.

A partir du 2ᵉ degré de latitude nord, la vallée se bifurque, donnant lieu à deux thalwegs, dont l'un sert de lit au Rio del Cauca; l'autre, au Rio Magdalena. Elle conflue de nouveau pour permettre à ces deux fleuves de se réunir avant d'aller se perdre dans le golfe mexicain.

IV

Les principaux cours d'eau qui descendent du flanc occidental de la Cordillère pour rejoindre l'Océan Pacifique, sont : le Rio Patia et le Rio Mira, ce dernier prenant origine, comme nous l'avons vu, dans les plaines d'Ibarra; le Rio de las Esmeraldas, qui a pour point de départ le bassin de Quito.

En suivant le littoral du nord au midi, on rencontre successivement : le Rio Tosagre, le Rio Chones et le Rio Charapoto, et d'autres encore, de moindre importance sillonnant le versant de la Cordillère équatorienne.

Puis le Rio Guayaquil, vers lequel convergent toutes les eaux de la province de los Rios, grand cirque hydrographique, dominé par le Chimborazo et le Cargueirazo, ayant pour affluents principaux le Daule et le Caracol.

Plus au midi encore, le Rio Tumbex, près de la limite des Républiques de l'Équateur et du Pérou.

Enfin une multitude de cours d'eau de la Cordillère péruvienne, depuis le Rio Tumbex jusqu'au Rio Tambo, sur lequel est assise la ville d'Arequipa, et qui forme l'extrême limite méridionale du réseau amazonien.

Le lac Titicaca, situé sous cette latitude, occupe la ligne de partage des eaux qui se rendent à l'Amazone, et de celles qui descendent vers le Rio Parana et le Rio La Plata.

V

Les cours d'eau qui descendent de la pente orientale des Andes royales appartiennent au grand réseau amazonien.

C'est d'abord, sur la rive droite du Maragnon, le Rio Huallago, qui sort du Cerro de Pasco pour longer cette chaîne, recevoir tous les ruisseaux qui la sillonnent et se réunir au Maragnon, à la sortie de celui-ci, des montagnes qui l'encaissaient. Puis l'Urubamba, qui amène avec lui les eaux de l'Apurimac, dont la source, au sortir de la chaîne, porte le nom de Rio Montaro, après avoir reçu le Rio Perenne qui s'échappe du lac Junin.

Sur sa rive gauche, le Maragnon reçoit successivement :

1° Le Rio Santiago, lequel amène avec lui les eaux du bassin de Cuenca, réunies par le Rio Pauté ;

2° Le Rio Pastassa qui a rassemblé les eaux du bassin d'Ambato par le Rio Bamba, qui contourne la base du Tunguragua, pour sortir de la chaîne des Andes royales et recevoir, chemin faisant, le Rio Avenico, le Rio Upano et le Rio Morona ;

3° Le Rio Tigré ou Piquéna ; et 4° le Rio Nanai, de proportions moins considérables et d'un cours moins étendu ;

5° Le Rio Napo qui émerge de la chaîne sous le nom de Curaray, auquel se joignent : *a*) le Rio Coca, qui sort du massif d'Antisana, sous le nom de Rio de Quixos, après avoir sillonné les plaines de ce volcan sous le nom de Rio Tinagillos ; *b*) le Rio Cosanga et *c*) le Rio Aguarico.

6° Le Rio Ambyacu, moins étendu, qui coule dans la direction de Pebas ;

7° Le Rio Iça ou Putumayo, ayant pour affluent le Rio Pablo, alimenté par le lac de même nom, situé au pied de l'Imbabura, sur la ligne de partage des eaux qui se rendent au Rio Mira ;

8° Le Rio Yapuru ou Caqueta, dont les affluents principaux sont : le Caguan, le Mocoa, le Caqueta, le Fragua et le Pescado sur le territoire colombien.

Toutes ces rivières sont concentrées par le Maragnon et le Rio Solimoens, qui constituent l'Amazone sur le territoire brésilien.

VI

Comme trait d'union entre le bassin du Rio Magdalena et celui de l'Amazone, nous avons les sources supérieures du premier de ces fleuves depuis le lac Buey, d'où il sort ; de même les sources du Rio del Cauca, depuis le lac San Yago, qui lui donne naissance, y compris le Rio de Palace, son premier affluent en aval de Popayan.

La plupart de ces cours d'eau sont alimentés par des nappes souterraines. Nous en avons pour preuve nombre d'éruptions du Sangay, du Cotopaxi et autres volcans, qui ont provoqué des inondations fluviales depuis le Rio Guayaquil jusqu'au Rio del Cauca.

Tous devront être explorés jusqu'à leurs sources, car tels petits poissons que l'on trouvera dans les ruisseaux et rivières au sortir des montagnes, ne se retrouveront plus dans leur cours moyen, qui nourrit d'autres espèces. Exemple, le volcan d'Antisana : les plaines de l'intérieur de ce massif sont sillonnées, nous l'avons dit, par le Rio Tinagillos, qui en sort sous le nom de Rio de Quixos. Il peut se faire que le Rio Tinagillos donnât asile à des poissons que l'on demanderait en vain au Rio de Quixos, mais que l'on retrouverait dans les eaux souterraines de ce volcan.

Et ainsi pour d'autres massifs volcaniques.

Une exploration de ce genre pourra seule éclairer la question, encore pendante, des rapports qui existent entre la faune souterraine de ces régions et les faunes des bassins hydrographiques qui y prennent naissance.

Cette exploration, telle que nous la préconisons, a déjà reçu un commencement d'exécution par les collections faites, sous la direction d'Agassiz en 1866, dans la vallée de l'Amazone jusqu'au Rio Putumayo et le Rio Negro. Lorsque ces collections auront été soigneusement décrites, elles serviront de points de comparaison aux collections faites de 1873 à 1877 par James Orton, Robert Perkins et John Hauxwell, dans l'Ambyacu, le Maragnon et ses affluents péruviens, décrites par Gill et Cope, et dont quelques espèces se retrouveront, sans nul doute, dans les collections d'Agassiz. Toutes ces collections, à leur tour, serviront de base à l'étude comparative des espèces du cours inférieur de l'Amazone, recueillies jadis par Spix et décrites par Agassiz, ainsi qu'à celles des cours d'eau plus élevés encore qui descendent des montagnes de la Bolivie, du Pérou, de l'Équateur et de la Colombie dont l'exploration reste à faire.

Récemment (1880-1883), l' « Expédition scientifique française dans l'Équateur », sous la direction de M. Ch. Wiener, en a rassemblé un certain nombre, que conserve le Muséum, sur la route parcourue du col de Huamani au Rio Morona.

Ce sera l'occasion de reprendre l'examen critique des

espèces recueillies par Pentland en 1829, dans le but
d'établir d'une manière précise les localités dont elles
sont originaires, les indications du voyageur anglais
étant trop vagues, pour la plupart, et ne pouvant satis-
faire aux exigences de la science moderne.

Quant à la faune occidentale de la Cordillère, celle qui
vit dans les eaux qui se rendent au Pacifique, depuis le
Rio Patia (Colombie) au Rio Tambo (Pérou), elle est à
peine effleurée. Le peu que l'on en connaît se rapporte
au cours inférieur du Rio de las Esmeraldas et du Rio
Guayaquil. Cette faune tend la main à celle de l'Amazone par les eaux supérieures du premier de ces fleuves,
dans le bassin de Quito proprement dit. Fraser, en 1860,
et Moritz Wagner, en 1864, y firent quelques collections ;
mais l'un et l'autre nous laissent dans l'incertitude
quant à leur provenance locale, car le terme « pente
occidentale des Andes de l'Équateur », dont ils se
servent tous deux, ne nous renseigne ni sur la chaîne
dont il s'agit, ni sur les cours d'eau qu'ils ont explorés.

Mme Pfeiffer n'est pas plus explicite à l'égard des
quelques poissons qu'elle a rapportés de ces contrées.

Les nombreux petits lacs des régions alpestres
réclament une exploration minutieuse en vue d'une comparaison de leur faune avec celle, encore inconnue, qui
peuple les nappes souterraines et que de futures éruptions volcaniques seules pourront nous faire connaître,
si l'on a soin d'en faire collection.

VII

Sans entrer prématurément dans des détails étendus
sur les aspects zoologiques de ces faunes fluviatiles, suivant les altitudes, nous nous bornerons ici à signaler
certains genres des hautes régions, qui constituent

autant de points de repère autour desquels gravitent les faunes des régions inférieures et auxquels se rattachent certaines faunes de continents plus éloignés.

1° Ainsi le genre *Cyclopum*, qui appartient aux régions les plus élevées du globe, représente, avec les genres *Arges* et *Zungaro* (*Pimelodus Zungaro* Humb.), la grande tribu des Siluroïdes, si nombreuse en genres et en espèces dans les eaux douces du Brésil, de la Plata, des Antilles et des États-Unis de l'Amérique du Nord.

Les genres *Cyclopum* et *Zungaro* rappellent plus particulièrement le genre *Pimelodus* ou *Amiurus* de la faune des États-Unis ; tandis que le genre *Arges* nous remet en mémoire le genre *Noturus*, pareillement des États-Unis, ainsi que le genre *Pimelenotus* ou *Rhamdia*, qui compte plusieurs espèces dans le Rio de las Esmeraldas, dans le Rio Guayaquil et dans les eaux des Antilles, du Brésil et du Paraguay.

2° La « Mission scientifique française au Mexique et dans l'Amérique centrale », par les soins de M. Bocourt, a recueilli dans les salses ou éruptions de boues de la Cordillère guatémalienne, un petit poisson d'un genre très voisin, sinon identique avec le genre *Noturus ;* tandis que c'est du genre *Pimelenotus* que se rapproche un autre petit poisson, pris par M. Désiré Charnay dans le cénoté de Valadolid, l'un des évents des nappes d'eaux souterraines du Yucatan. L'un et l'autre, par leurs affinités naturelles avec le genre *Cyclopum*, se rattachent à la faune dont ce dernier fait partie.

3° Le genre *Brontes*, qui habite de même les hautes régions des Andes, y représente la famille des Cyprinodontes, très nombreuse aussi, en genres et en espèces, dans l'Amérique centrale, au Mexique et aux États-Unis.

4° De ce genre *Brontes* et des Cyprinodontes en général, se rapproche la prenadille apode que Humboldt nous a fait connaître sous le nom d'*Astroblepus Grixalvii*, que nourrit le Rio de Palacé, qui forme, comme nous l'avons vu, le trait d'union entre le bassin du Magdalena et celui de l'Amazone.

5° D'un autre côté, les nombreuses espèces du genre *Trichomycterus*, que l'on rencontre dans les eaux alpestres des Cordillères, de la Colombie au Chili, dans le lac Titicaca et dans les eaux qui descendent de la pente orientale des Andes royales, se rattachent aux genres *Brontes* et *Astroblepus*.

6° La faune de l'Orénoque, de son côté, présente un poisson bizarre, l'*Eremophilus Mutisii* de Humboldt, habitant le rio Bogota, et qui ne diffère des Trichomyctères que par l'absence de nageoires ventrales et des yeux très petits, voilés par une membrane. C'est un trait d'union entre cette faune et celle de l'Amazone, où l'Érémophile a pour analogue le genre *Pariodon*, de la rivière Araguay, et dont l'unique espèce connue jusqu'ici est surtout remarquable par la petitesse de ses yeux.

7° Le lac Titicaca (altitude : 4,500 mètres) nourrit aussi plusieurs espèces du genre *Orestias*, qui lui sont particulières, formant une petite famille, celle des *Orestidées*, très voisine des Cyprinodontes, caractérisée par l'absence des ventrales. Valenciennes, qui l'a établie, y place un autre petit poisson apode des eaux alpestres de l'Atlas (4,000 mètres), dont Gervais a fait le genre *Tellia*. Une semblable analogie, entre des poissons vivant à une distance pareille les uns des autres, est digne de fixer toute notre attention.

8° Il convient encore de mentionner ici la petite famille des *Hétéropyges*, voisine aussi des Cyprinodontes, comprenant deux genres aveugles : *Amblyopsis* et *Typhlichthys*, ce dernier apode, et un troisième, pareillement apode, mais oculé, le genre *Chologaster*, dont les espèces habitent les États-Unis, principalement les cavernes et les eaux souterraines. Celles-ci, peut-être, offriront-elles quelque analogie avec les espèces qui vivent sous les massifs volcaniques de l'Équateur et les eaux souterraines de la Californie, signalées, mais non encore décrites.

Conclusion. Les considérations qui précèdent feront entrevoir l'intérêt puissant qui s'attache à l'exploration des régions que nous avons essayé d'esquisser.

La connaissance parfaite des poissons qui peuplent les cours d'eau de ces régions nous permettra de tracer les limites géographiques des genres et des espèces;

Elle nous éclairera sur le degré d'affinité ou de parenté entre eux et ceux qui vivent dans l'intérieur des cavernes et dans les eaux souterraines;

Enfin, par leur comparaison avec les genres et les espèces des autres régions, nous pourrons aborder, avec fruit, la question de leur origine à toutes, par voie de transformation et de migration, ou de création spéciale dans les lieux qu'ils habitent actuellement.

—

Paris. — Imp. F. Levé, rue Cassette, 17.